Kiran V Mehta

Tintas

Kiran V Mehta

Tintas

ScienciaScripts

Cover image: www.ingimage.com

This book is a translation from the original published under ISBN 978-3-659-87635-6.

Publisher:
Sciencia Scripts
is a trademark of
Dodo Books Indian Ocean Ltd. and OmniScriptum S.R.L publishing group

120 High Road, East Finchley, London, N2 9ED, United Kingdom
Str. Armeneasca 28/1, office 1, Chisinau MD-2012, Republic of Moldova, Europe
Managing Directors: Ieva Konstantinova, Victoria Ursu
info@omniscriptum.com

Printed at: see last page
ISBN: 978-620-8-63299-1

Índice:

Para O meu

Família amada que me dá cores maravilhosas da vida!

-Kiran V. Mehta

Prefácio

As tintas desempenharam um papel notável na história da humanidade. Este livro tenta apresentar o cenário atual das tintas. Descreve diversas caraterísticas das tintas.

Este livro apresenta também uma breve descrição dos desenvolvimentos mais recentes da investigação sobre tintas. Os tipos, propriedades e aplicações gerais das tintas são também abordados no livro. A segurança sanitária é objeto de grande atenção no fabrico e aplicação de tintas. Este tópico, que também é mencionado no livro, constitui uma boa introdução ao problema.

Espero que investigadores e estudantes encontrem neste livro uma leitura preciosa, escrita num estilo compêndio. Este livro foi redigido com muito cuidado para encerrar os aspectos imperativos do tema. No entanto, os leitores são aconselhados a ter em conta que os dados, afirmações, etc. podem ser inadvertidamente imprecisos. Peço desde já desculpa se houver alguma imprecisão no livro! Agradeço as vossas sugestões para tornar este livro mais útil para os leitores!

(Sr.) Kiran V. Mehta

(M.Sc., Ph.D. e Prof. em Química) Palanpur-385001

(Gujarat) (Índia)

(maio-2016) **E-mail:** kiranvmehta@ymail.com

Capítulo 1

1Pinturas:

Introdução e caraterísticas Paints

As tintas estão quase sempre presentes à nossa volta sob diversas formas. São conhecidas desde há centenas de anos. Dão cor à vida quotidiana.

As tintas são substâncias líquidas ou liquefactíveis. São aplicadas numa superfície sob a forma de uma camada fina. Após a secagem, transformam-se numa película sólida. As tintas são opacas ou transparentes. São brilhantes ou não brilhantes. São aplicadas ao substrato para fins de coloração, proteção, etc. Também conferem textura aos substratos. Com um objetivo decorativo, as tintas também são utilizadas.

Após a aplicação na superfície, as tintas que são líquidas ou materiais liquefactíveis são convertidas em camadas sólidas. Geralmente, a tinta é composta por um pigmento, um aglutinante e diluentes. O pigmento para a tinta é natural ou sintético. Pode ser preparado através da trituração de minerais até à obtenção de um pó fino. É misturado com óleo, água ou outro material, juntamente com aditivos e resinas para preparar a pasta de tinta. As aguarelas são pigmentos num meio solúvel em água, como a goma arábica. Nas tintas acrílicas, os pigmentos estão num meio de polímero acrílico. As tintas podem ser aplicadas sob a forma de líquido, sólido ou aerossol. Os pincéis, as lâminas e os rolos são utilizados para aplicar tintas líquidas. A tinta que está suspensa num gás pode ser pulverizada sobre o substrato.

Normalmente, as tintas a óleo são pigmentos ligados em óleo. As pinturas a óleo apresentam um brilho luminoso e uma escuridão cavernosa. Por vezes, estalam na presença de agentes externos.

História das tintas

Na pré-história, as cores da terra, o giz, a madeira queimada e o osso eram utilizados para pintar ou colorir. Nessa altura, utilizavam-se pontas de ramos, musgo, etc. para aplicar as tintas.

Os gregos e os romanos introduziram os vernizes entre 600 a.C. e 400 d.C. Os pigmentos para as tintas eram preparados a partir de minerais, plantas e várias areias. A água e os óleos eram utilizados como solventes ou diluentes das tintas. O desenvolvimento de tintas e vernizes à base de goma da acácia, também conhecida como goma-arábica, foi desenvolvido até 1000 a.C. Os egípcios utilizavam diferentes materiais corantes com substâncias gomosas para pintar superfícies. A gema de ovo também era utilizada em tintas. Por volta de 1856, foi preparado o primeiro corante sintético, o Mauveine. As pinturas rupestres são exemplos de tintas dos primeiros anos. Nessas pinturas eram utilizadas substâncias como o carvão, a hematite, o óxido de manganésio, etc. Em 1865, D.P. Finn patenteou uma tinta à base de água com resina, hidróxido de potássio, óxido de zinco, etc.

Por volta de 1700, Thomas Child construiu um moinho de tinta americano para moer pigmentos. Em Inglaterra, em 1718, Marshall Smith descobriu uma máquina para moer cores. Em 1866, nos Estados Unidos, Sherwin Williams preparou uma tinta que podia ser utilizada diretamente da lata. A tinta de leite também era popular nos primeiros anos.

O óleo de linhaça era utilizado como aglutinante em tintas. Também era utilizado em pinturas de belas artes. O guache era uma aguarela utilizada na Idade

Média. Também era conhecido como cor de corpo ou cor de designer. No entanto, a Segunda Guerra Mundial provocou uma escassez de óleo de linhaça no mercado das tintas, pelo que foram descobertas tintas alquídicas. Foi também descoberto o Kemtone (uma tinta de látex) em que se utilizava estireno e caseína. Em muitas tintas, a caseína era utilizada com bórax, amoníaco ou formaldeído (HCHO).

Principais componentes das tintas

Os principais componentes das tintas são:

- Pigmento
- Veículo (médio)
- Enchimento
- Plastificante
- Mais fino
- Mais seco.

Cada componente tem propriedades diferentes e, por conseguinte, tem um papel diferente a desempenhar na formulação da tinta.

Veículos para tintas

Óleo de linhaça

É um óleo muito conhecido. É fabricado a partir de linho, linhaça. Tem boas propriedades de flexibilidade e de resistência à fissuração.

Os outros óleos que podem ser utilizados como veículos são os seguintes

- Óleo de papoila
- Óleo de noz

- Óleo de cártamo.

Terebintina - como diluente e solvente

A terebintina é um solvente bem conhecido nas tintas. É também utilizada como diluente para vernizes.

É obtida a partir de pinheiros. A terebintina é também conhecida como

- Óleo de terebintina
- Terebintina para madeira
- Aguardente de terebintina.

O pineno (C10H16) é um dos principais componentes da terebintina. A sua estrutura é a seguinte:

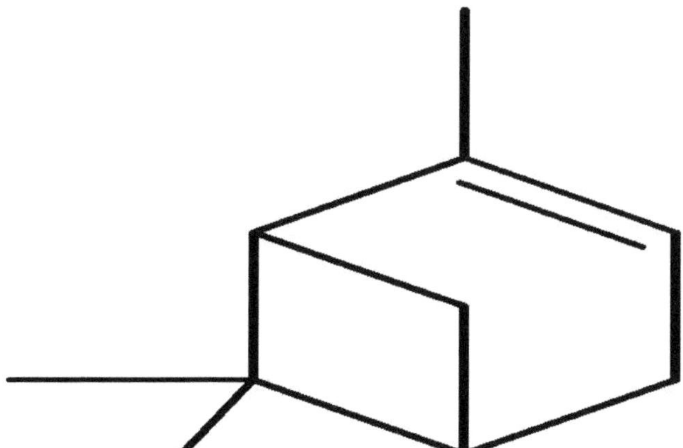

Pinene

Trata-se de um composto bicíclico. São conhecidos dois isómeros do pineno:

(1) a-pineno

(2) p-pineno.

Encontram-se em muitas plantas coníferas e não coníferas.

Tipos de tintas

Fundamentalmente, as tintas podem ser classificadas nas seguintes categorias

- Tintas naturais
- Tintas sintéticas.

As tintas podem ser classificadas de acordo com as suas aplicações. Os vários tipos de tintas são os seguintes

- Tintas de emulsão
- Distempers
- Tintas de cimento
- Tintas para pavimentos
- Tintas brilhantes
- Tintas multicoloridas
- Tintas mate
- Tintas anti-calcário
- Tintas anti-incrustantes
- Tintas que mudam de cor.

Capítulo 2

2 Componentes das tintas

Para preparar uma tinta, são necessários vários componentes. Um componente pode ser essencial numa tinta e pode ser opcional noutra tinta. Para preparar uma tinta, os pigmentos são normalmente misturados com um solvente ou veículo e aglutinante. Em vez de um pigmento, pode também ser utilizado um corante adequado. Um meio como a água pode ser utilizado como veículo. Substâncias como a goma, a cola, etc., podem ser utilizadas como aglutinantes. O óleo de linhaça pode ser utilizado como secante. Este ajusta o tempo de secagem de uma tinta. A aguardente mineral pode ser utilizada como diluente de uma tinta. O diluente ajusta a qualidade de escoamento de uma tinta. Após a evaporação de um diluente da tinta na superfície, a parte sólida da tinta seca, permanece na superfície e dá a cor desejada. Este processo é um processo de cura da tinta. Devido a este processo, é produzida uma película dura da tinta na superfície. Os componentes gerais de uma tinta são descritos a seguir:

Solvente

A viscosidade das tintas deve ser adequada para que possam ser aplicadas corretamente. Para este efeito, o solvente é útil. Este ajusta as caraterísticas de fluxo da tinta. Dissolve o material e também é conhecido como diluente. Não faz parte de todas as tintas disponíveis no mercado. Transporta componentes não voláteis das tintas. Em si mesmo, é um material volátil. Evapora-se e a tinta fixa-se na superfície. São utilizados como solventes a água, a aguardente, o álcool, o éster, a cetona, o glicol, algumas resinas sintéticas, etc. Para as tintas de base aquosa, a água é utilizada como solvente, enquanto que para as tintas de base oleosa, os compostos orgânicos não aquosos são utilizados como solventes. O solvente mantém a tinta fluida até a pintura não estar terminada. Após aplicação da tinta na superfície, o solvente evapora-se.

Para além da água, os solventes podem ser classificados nas seguintes categorias

- Solventes de hidrocarbonetos
- Solventes oxigenados.

Os solventes alifáticos, aromáticos e nafténicos são designados solventes de hidrocarbonetos, enquanto os álcoois, cetonas, ésteres e ésteres de glicol são designados solventes oxigenados.

Como solvente (diluente), são também úteis os seguintes compostos:

C2H5COCH3

Metil-etil-cetona

CH3COO(CH2)3CH3

Acetato de butilo

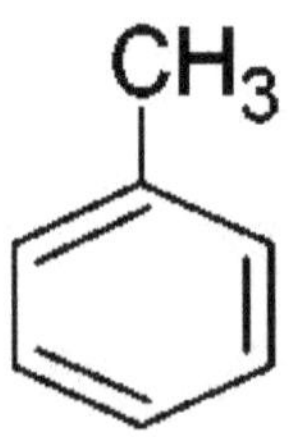

Toluene

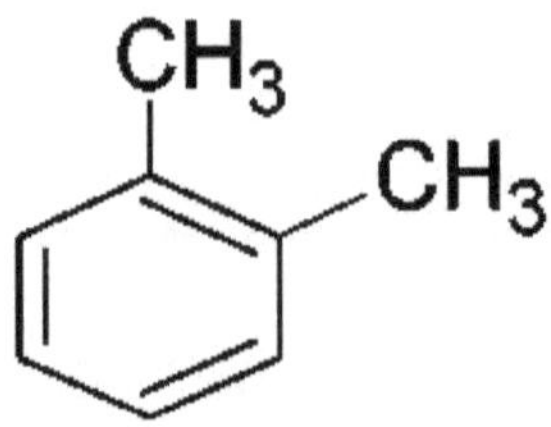

o - xylene

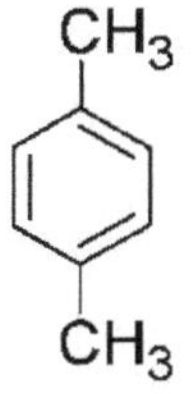

p - xylene

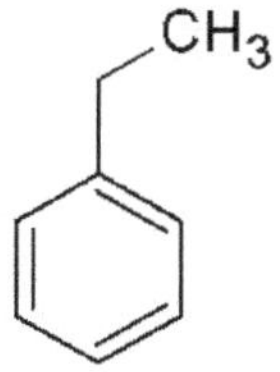

Ethyl benzene

Pigmentos

Os pigmentos são compostos químicos que conferem cor a um material. Os pigmentos podem ser classificados de acordo com as suas origens:

(1) Pigmentos naturais

(2) Pigmentos sintéticos.

O talco, a argila, a sílica e a mica são pigmentos naturais, enquanto a sílica pirogénica e as argilas calcinadas são pigmentos sintéticos.

Os pigmentos também são classificados da seguinte forma:

(1) Pigmentos brancos

(2) Pigmentos de cor.

Esta é uma classificação muito simples dos pigmentos. As classes acima são obviamente baseadas nas propriedades de cor exibidas pelos pigmentos.

Os pigmentos também podem ser classificados da seguinte forma:

(1) **Pigmento de cor terra**

Estes pigmentos são derivados da natureza. São pigmentos inorgânicos. O âmbar, o bolus, o vermelho sueco e o ocre são este tipo de pigmentos.

Terra de Siena

Este pigmento é também conhecido como terra de Siena ou siena. É um pigmento de cor terra. Contém óxido de ferro e óxido de manganésio. No seu estado natural, a sua cor é amarelo-castanho. É conhecida como siena crua. Com o aquecimento, torna-se castanho-avermelhado. Este estado da siena é designado por siena queimada. Contém uma grande quantidade de óxido de ferro anidro.

(2) Pigmentos corantes vegetais

Estes pigmentos são obtidos a partir de plantas. Normalmente, são pigmentos orgânicos.

Índigo

A fórmula molecular do índigo é $C_{16}H_{10}N_2O_2$ [(2,2'-Bis(2,3-dihydro-3-oxoindolyden), Indigotin)].

A estrutura do índigo é a seguinte

Trata-se de um pó cristalino azul-escuro.

Vermelho de alizarina

É também designado por vermelho de alizarina S. A sua fórmula molecular

é $C_{14}H_8O_7S$.

Os pigmentos tendem a dispersar-se ou a misturar-se numa solução. Do ponto de vista químico, os pigmentos são de dois tipos:

(1) Pigmentos inorgânicos

(2) Pigmentos orgânicos.

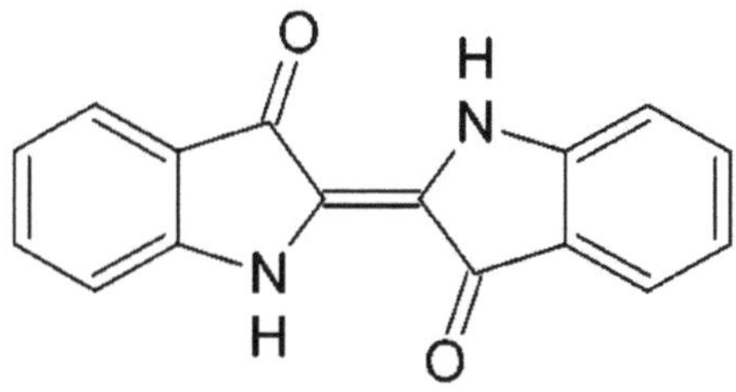

(1) Pigmentos inorgânicos

Os pigmentos naturais, como o óxido de ferro, eram utilizados nos tempos pré-históricos. Os pigmentos inorgânicos contêm metais e minerais que produzem cor. Absorvem determinados comprimentos de onda da luz visível e reflectem-na. Podem ser óxidos metálicos ou compostos sintéticos. Os pigmentos de

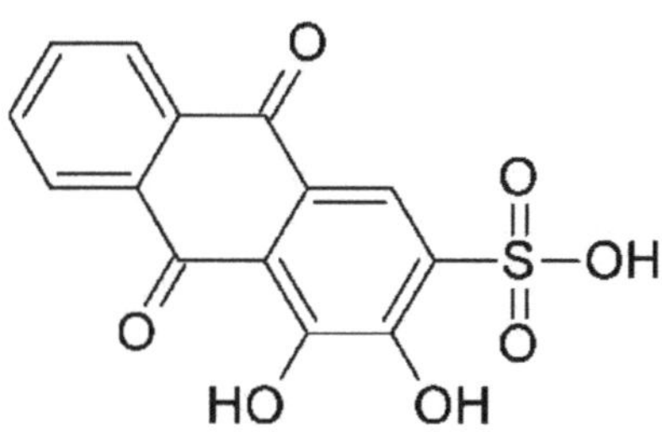

tipo mineral-terroso têm geralmente uma estrutura simples e são obtidos na natureza. Os pigmentos, designados por pigmentos fugitivos, desvanecem-se com o tempo. Por vezes, devido à luz, escurecem.

Dois tipos de pigmentos metálicos são populares na indústria de tintas:

(1) Pigmentos de zinco

(2) Pigmentos de alumínio.

Os outros pigmentos metálicos são igualmente utilizados na indústria das tintas. São indicados a seguir:

(1) Pigmentos de óxido de ferro

(2) Pigmentos de chumbo

(3) Pigmentos de cádmio

(4) Pigmentos de cobalto

(5) Pigmentos de cobre

(6) Pigmentos de crómio

(7) Pigmentos de mercúrio

(8) Pigmentos de manganês

(9) Pigmentos de titânio.

Alguns pigmentos conhecidos são apresentados no **Quadro 1.**

Tabela-1 Pigmentos

ZnO (Óxido de zinco)	Óxido de chumbo
ZIMPOJ." Fosfato de zinco	Pó de zinco
TiO_2 (Rutilo) (Anatase)	Óxido de crómio
$CaCO_3$(Carbonato de cálcio)	Titanato de níquel
Sílica pirogénica	Azul-cobalto
Molibdato laranja	Óxido de ferro
Óxido de antimónio	Sulfureto de cádmio (amarelo de cádmio)

Lithopone	Sulfureto de mercúrio (Vermillion)
$PbCO_3$ (Carbonato de chumbo)	Violeta de manganês
Amarelo Nápoles	Preto marfim
Negro de fumo	Umber cru
Ultramarino	Aureolina (amarelo-cobalto)
Sb_2O_3 (Óxido de antimónio)	

A discussão sobre alguns pigmentos é a seguinte

Titanato de níquel

Trata-se de um pigmento amarelo disponível sob a forma de pó. A sua fórmula molecular é NiTiO3 (titanato de níquel (IV)). A sua solubilidade em água é de: 0,0396 g/100 ml. O seu valor de densidade é de 4,44 g/cm^3.

Azul cobalto

Trata-se de um pigmento com fórmula molecular CoAl2O4.

Trata-se de um aluminato de cobalto(II) (óxido de cobalto(II) - óxido de alumínio). Historicamente, em 1802, foi utilizado como matéria corante para materiais cerâmicos. Foi bem explorado como pigmento à base de alumina por Louis Jacques Thénard. O azul-cobalto foi utilizado em quadros de vários pintores como Van Gogh e Renoir. Pode ser preparado por sinterização de alumina com óxido de cobalto (II) a temperaturas muito elevadas (1200 °C).

Óxido de crómio

O óxido de crómio (III) (Cr2O3) está disponível sob a forma de cristais verdes claros a escuros. É insolúvel em água. Ocorre como o mineral raro eskolite. Pode ser obtido da seguinte forma

(1) $Na_2Cr_2O_7 + S \rightarrow Na_2SO_4 + Cr_2O_3$

(2) $(NH_4)_2 Cr_2O_7 \rightarrow Cr_2O_3 + N_2 + 4H_2O$

Lithopone

Este pigmento é obtido através da mistura de uma solução de sulfureto de bário com uma solução de sulfato de zinco. A mistura destas soluções resulta em precipitados de sulfato de bário (BaSO4) e sulfureto de zinco (ZnS). Os precipitados são filtrados e torrados (calcinados) a uma temperatura superior a 600°C. A sua fórmula é BaSO4*ZnS. É um pó branco. É insolúvel em água. É também conhecido como Pigmento Branco 5 e Esmalte Branco.

(2) Pigmentos orgânicos

Historicamente, os pigmentos orgânicos na sua forma natural eram utilizados nas pinturas rupestres. Estes pigmentos contêm carbono como um dos elementos presentes. A maioria destes pigmentos são compostos sintéticos. Podem ser derivados de alcatrão de carvão e de destilados de petróleo. Para além da sua utilização em tintas de revestimento de superfícies, são também utilizados em ecrãs opto-electrónicos e em foto-reprografia. Podem ser classificados nos seguintes tipos

(1) Pigmentos monoazo

(2) Pigmentos diazóicos

(3) Pigmentos ácidos

(4) Pigmentos de base

(5) Pigmentos de ftalocianina

(6) Pigmentos de quinacridona

(7) Pigmentos policíclicos.

A estrutura de tal pigmento é mostrada abaixo:

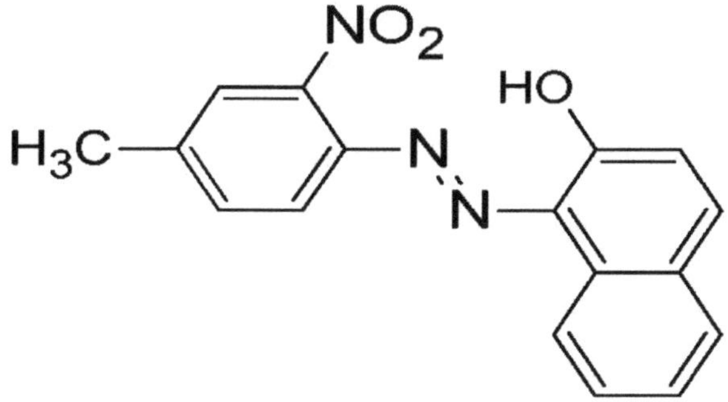

Toluidine red

Os pigmentos de quinacridona são utilizados em toners para jato de tinta e tintas para exteriores. A fórmula molecular da quinacridona é C20H12N2O2. Trata-se de 5,12-Dihidro-quino[2,3-b]acridina-7,14- diona. A sua estrutura é apresentada a seguir

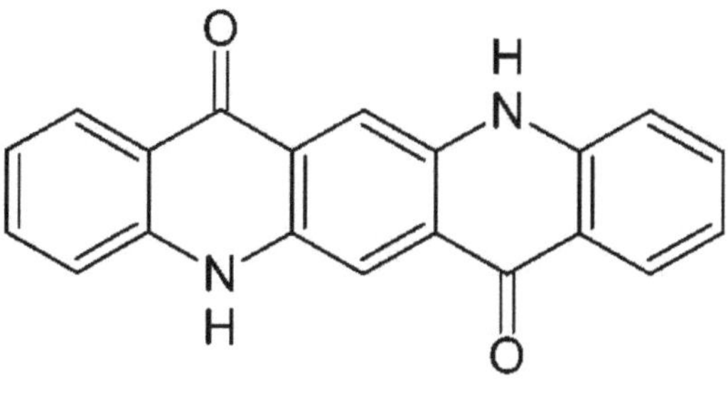

Quinacridone

É também conhecido como Pigmento Violeta 19. É insolúvel em água. Os derivados de quinacridona têm boa solidez à cor e à intempérie. São de cor vermelha profunda a violeta. Podem ser utilizados como tintas para artistas. Também são utilizados em revestimentos industriais.

Para a preparação da quinacridona, o éster de succinato é reagido com anilina (aminobenzeno) para realizar a reação de condensação e a reação de ciclização é realizada para produzir di-hidroquinacridona.

Pastas

Os aglutinantes são úteis para obter algumas propriedades desejadas, como durabilidade, dureza e brilho. Estas substâncias são formadoras de película. Também podem ser formadas películas por arrefecimento. Nas tintas de cera, estas películas podem ser obtidas. Se um aglutinante adicionado à tinta for muito espesso, é necessário um diluente adequado para a pintura. O diluente ou veículo transfere o ligante para a superfície a pintar.

Geralmente, o pigmento e o aglutinante são misturados mecanicamente e depois aplicados na superfície. Nalgumas pinturas, os ligantes são aplicados à superfície e, em seguida, os pigmentos são aplicados. A emulsão de óleo e água pode ser utilizada como aglutinante. Substâncias como resinas naturais, óleos, alquídicos, acrílicos, poliésteres e vinis são úteis como aglutinantes.

Também nos vernizes, os aglutinantes desempenham um papel importante.

Aditivos

Para alterar as propriedades de uma tinta, são adicionadas algumas substâncias em pequenas proporções. Estas são conhecidas como aditivos. Estes afectam as propriedades físicas e químicas de uma tinta.

São classificados da seguinte forma:

(1) Agentes activos de superfície

Nas tintas são utilizados vários tipos de aditivos que são agentes activos de superfície.

Entre elas contam-se as seguintes:

- **Agentes molhantes e dispersantes**

Estes aditivos contêm moléculas anfifílicas necessárias para a dispersão e estabilização do pigmento e do extensor na tinta.

- **Promotores de adesão**

Alguns agentes activos de superfície são promotores de adesão. Aumentam o poder de adesão de uma tinta, pelo que a tinta pode sobreviver contra a remoção da superfície. Os silicones e os compostos de titânio podem ser utilizados como promotores de aderência.

(2) Modificadores de superfície

Estes aditivos são utilizados para controlar as propriedades como a resistência aos riscos e o brilho da superfície. Os aditivos à base de cera são úteis para este efeito.

(3) Agentes espessantes

Estes aditivos afectam a viscosidade de uma tinta. São conhecidos agentes espessantes orgânicos e inorgânicos. O óleo de rícino hidrogenado e os seus derivados, as poliamidas, as argilas orgânicas e os silicatos laminares são agentes espessantes.

(4) Aditivos Cataliticamente Activos

Estes tipos de substâncias aceleram o processo de formação da película. Para este processo, são utilizados vários secadores activos e auxiliares. Os compostos que contêm chumbo, zinco, cálcio, etc., são utilizados como substâncias activas catalíticas.

(5) Agentes de nivelamento

Estas substâncias controlam o nivelamento de uma tinta para a sua aplicação.

O acetobutirato de celulose e os poliacrilatos são úteis como agentes de nivelamento.

(6) Alguns aditivos especiais

Algumas substâncias especiais são adicionadas à tinta.

Por exemplo, para travar a corrosão, são adicionados inibidores de corrosão.

Os agentes retardadores de chama e anti-queda são também aditivos especiais.

Capítulo 3

3 tipos de tintas

Basicamente, existem dois tipos de tintas:

(1) Tintas à base de água

As tintas à base de água secam normalmente mais depressa do que as tintas à base de óleo. As tintas à base de água não são tão duradouras como as tintas à base de óleo. O seu brilho é geralmente inferior ao das tintas à base de óleo. A limpeza destas tintas pode ser efectuada com a utilização de detergente e água.

(2) Tintas à base de óleo

Para uma secagem rápida das tintas à base de óleo, são adicionados aditivos de secagem a estas tintas. A limpeza destas tintas pode ser efectuada com a utilização de diluente ou de alguns produtos químicos.

De acordo com as aplicações das tintas, estas podem ser divididas em duas categorias:

(1) Tintas para interiores

(2) Tintas exteriores.

(1) Tintas para interiores

Estas tintas são utilizadas para aplicações interiores. São aplicadas em paredes, metal e madeira. Estas tintas são as seguintes

- Esgana
- Tintas de esmalte

- Tintas de brilho
- Tintas de emulsão.

As tintas de esmalte são úteis para metais, enquanto as tintas de acabamento para madeira são utilizadas para pintar madeira.

(2) Tintas para exteriores

São utilizados para uso exterior. São os seguintes:

-Tintas **de emulsão**

-Tintas de cimento

-Pinturas texturadas.

As tintas podem ser classificadas segundo vários parâmetros, tais como

- Função das tintas
- Suportes ou aglutinantes de tintas
- Pigmentos presentes nas tintas
- Brilho das tintas
- Aspeto das tintas.

Considerando os brilhos das tintas, as classes de tintas são as seguintes

- Tintas planas
- Tintas de acabamento acetinado
- Tintas brilhantes
- Tintas semibrilhantes.

Com base no seu aspeto, as tintas podem ser classificadas nas seguintes categorias

- Acabamento mate
- Casca de ovo
- Acabamento rugoso
- Tintas luminosas
- Tintas fluorescentes
- Acabamento craquelado
- Tintas multicoloridas.

Com base no meio ou aglutinante presente nas tintas, estas podem ser classificadas da seguinte forma

- Tintas acrílicas
- Tintas de látex
- Resinas alquídicas
- Tintas epoxídicas
- Tintas à base de goma-laca
- Látex Acetato de polivinilo
- Tintas de óleo de tungue
- Poliuretano
- Tintas à base de álcool
- Tintas de óleo de linhaça
- Emulsão.

Cartilha

Não é considerado como uma tinta. Trata-se de uma primeira demão. É aplicado antes da pintura da superfície. A escolha de um primário depende da tinta que é aplicada posteriormente na mesma superfície. Pode esconder as manchas da superfície.

Distempers

A tinta utilizada nas paredes de alvenaria é geralmente designada por tinta de acabamento.

Era utilizado na antiguidade. É feito de giz, pigmento, água e adesivo ou cola animal. A caseína, uma resina que se obtém a partir do leite solidificado, é também utilizada pela sua propriedade adesiva. Nestas tintas, a água é utilizada como veículo. Por conseguinte, são também designadas por tintas de água.

As condições atmosféricas afectam estas tintas. São tintas relativamente mais baratas do que as tintas a óleo. São adequadas para acabamentos interiores. Podem ser tingidas para quase todas as cores.

Tintas de acabamento plano

São normalmente utilizados em paredes ou tectos. Escondem as más formas ou as imperfeições de uma superfície. Difundem a luz.

Podem ser aplicadas em paredes e tectos amolgados ou rugosos. A cor destas tintas é mais escura do que a das tintas brilhantes.

Tintas mate

São tintas laváveis. Apresentam uma textura aveludada. Dão uma boa profundidade de cor. São consideradas para salas interiores.

Escondem as imperfeições das paredes e dos tectos onde são aplicadas. A limpeza destas tintas pode ser um processo difícil.

Acabamento em casca de ovo

Estas tintas são muito fáceis de lavar. Têm uma propriedade hidrófoba. Apresentam pouco brilho, semelhante ao de um ovo de galinha. Estas tintas não são muito eficazes para esconder as imperfeições das superfícies. Estas tintas são adequadas para casas de banho, salas de jantar e salas de estar. Geralmente não descascam em ambiente húmido. A sua durabilidade é média.

Alto brilho

Estas tintas são duras e ultra-brilhantes. São reflectoras da luz. Não escondem os solavancos. São tintas muito duráveis. São úteis para o revestimento de janelas e portas.

Acabamento semi-brilhante

Esta tinta dá um aspeto brilhante. Protege a superfície contra as manchas e a humidade. É de longa duração e lavável. É útil para a cozinha, a casa de banho e a calha das cadeiras.

Acabamento acetinado

Pode proteger a superfície da humidade e da sujidade. Também é conhecida pela sua elevada capacidade de lavagem. É considerado adequado para a cozinha e a casa de banho. A sua limitação é o facto de não conseguir esconder as imperfeições das paredes. É também conhecido como acabamento perolado. Apresenta um brilho delicioso. É útil para salas de estar e foyers. Tem uma durabilidade elevada.

Tinta anti-escorregamento

Estas tintas não secam e permanecem húmidas durante muito tempo. São muito escorregadias, pelo que é muito difícil trepar uma superfície pintada com antiderrapante.

Tintas de emulsão

Trata-se de tintas à base de água. As tintas de emulsão modernas são feitas com resinas acrílicas ou vinílicas, o que as torna mais resistentes do que as emulsões antigas. As tintas de emulsão plásticas podem ser aplicadas em mobiliário de madeira, paredes de revestimento e radiadores de metal. As tintas de emulsão podem ser aplicadas em paredes e tectos, uma vez que são à base de água e têm menos cheiro. Estas tintas são fáceis de utilizar.

Tintas de esmalte

Estas tintas são tintas à base de óleo ou alquídicas. Estão disponíveis em vários tons. São tintas laváveis. Estas tintas secam ao ar livre até obterem um acabamento brilhante e resistente. São úteis para paredes interiores, superfícies de madeira e superfícies metálicas. São utilizadas para formar um acabamento brilhante em qualquer superfície que necessite de um acabamento brilhante mas que tenha de suportar lavagens contínuas. Estas tintas podem ser classificadas em dois tipos:

(1) Tintas de esmalte à base de óleo

Normalmente, estas tintas secam lentamente. São também conhecidas como tintas de base alquídica. Contêm um cheiro a solvente muito forte.

(2) Tintas de esmalte de base aquosa

Estas tintas de esmalte são à base de água. São também conhecidas como tintas acrílicas. Por vezes, são conhecidas como látex.

Secam rapidamente. Têm pouco odor. A secagem das tintas de esmalte à base de óleo demora normalmente 8-24 horas. A melhor ventilação e a baixa humidade são úteis enquanto estas tintas se encontram na superfície.

As tintas de esmalte podem ser misturadas com uretano para melhorar as suas propriedades de brilho e dureza.

Revestimento de telhados

É utilizado para a proteção UV da forma de poliuretano. É útil na restauração de telhados. Funciona como uma membrana elástica.

Tintas de cimento

Estas tintas são úteis para materiais à base de cimento, como paredes, blocos de betão, argamassa, etc. São consideradas ideais para o exterior de edifícios. Dão um revestimento à prova de água às paredes. Também decoram as paredes. Existem em várias cores. São geralmente feitos de cimento portland ou branco, cal, com extensores minerais, aceleradores e repelentes de água. O dióxido de titânio, a calcite, o cloreto de cálcio (CaCl2), a argila da China, o estearato de cálcio e o estearato de alumínio são substâncias úteis para a produção de tintas de cimento.

Laca

Trata-se de uma tinta ou verniz à base de solventes. Dá um acabamento duro e duradouro. Normalmente, seca rapidamente.

Stain para madeira

Apresenta cor sem um revestimento de superfície. Contém corante ou pigmento, solvente e aglutinante. É uma tinta muito fina. Devido à sua baixa viscosidade, penetra no material, como a madeira.

Tintas anti-incrustantes

Estas tintas são também conhecidas como tintas de fundo.

Os organismos marinhos criam incrustações nos cascos dos navios e barcos. As tintas antivegetativas são úteis para a proteção dos cascos de navios e barcos. Estas tintas impedem a aderência dos organismos marinhos. Estas tintas também resistem à corrosão. Estas tintas podem conter tributilestanho. Este lixivia das tintas para o sistema aquático e cria efeitos tóxicos indesejáveis. Também danifica o sistema dos organismos marinhos.

Diego Meseguer Yebra et al. analisaram os passos passados, presentes e futuros no sentido de revestimentos antivegetativos eficientes e amigos do ambiente e observaram que

"A proibição iminente dos produtos de pintura à base de tributilestanho (TBT), prejudiciais para o ambiente, foi a causa de uma grande mudança no sector das tintas antivegetativas" [1].

Tributilestanho (TBT)

O óxido de tributilestanho é geralmente utilizado em tintas marítimas. A sua estrutura é apresentada a seguir:

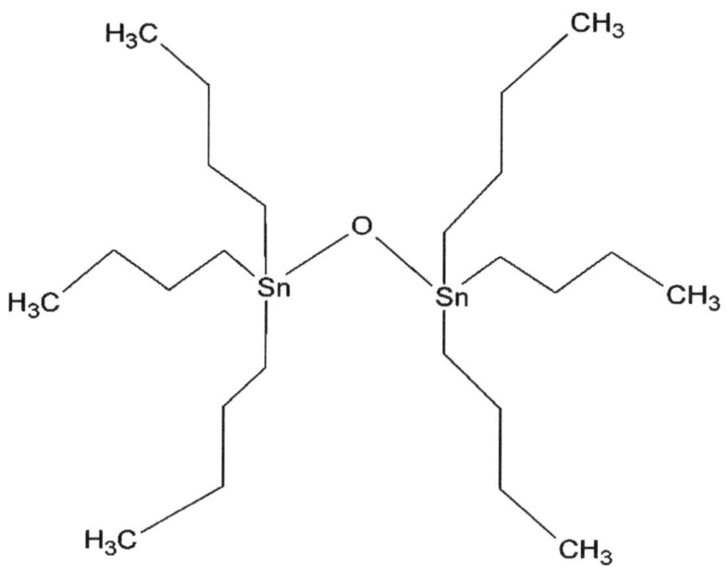

Os compostos organoestânicos têm fórmula geral:

(n-C4H9)3Sn-X em que, X = grupo eletronegativo ou carboxilato (grupo eletronegativo).

O tributilestanho é um dos compostos organoestânicos e cria poluição ambiental .

Revestimentos anti-graffiti

Existem dois tipos de revestimentos anti-graffiti:

(1) Revestimentos de sacrifício

Devido a estes revestimentos, os graffiti são removidos com o revestimento. Assim, o revestimento é sacrificado. Podem ser utilizados em superfícies que não são fáceis de limpar.

(2) Revestimentos não aglutinantes

Geralmente, são poliuretanos catalisados. Não formam ligações fortes com as tintas para graffiti. Os graffiti podem ser removidos com uma lavagem com solvente, sem perturbar a superfície original ou o revestimento protetor não aderente. Estes revestimentos são adequados para superfícies lisas.

Tintas luminosas

Estas tintas apresentam luminescência. Por isso, são também designadas por tintas de luminescência. Estas tintas são capazes de criar fenómenos como a fluorescência, a fosforescência ou a radioluminescência.

Tintas que mudam de cor

As tintas electrocrómicas podem mudar de cor em função da corrente aplicada. Quando uma corrente eléctrica é aplicada à película de tinta, os corantes presentes nas tintas mudam de conformação, o que resulta numa mudança de cor. Estas tintas são designadas por tintas que mudam de cor. Estas tintas podem ser utilizadas em janelas de aviões e em plásticos.

As tintas termocrómicas são também tintas que mudam de cor. Devido ao efeito do calor, estas cores apresentam variações. Nestas tintas são utilizados cristais líquidos. Os compostos halocromáticos também podem ser utilizados para produzir tintas que mudam de cor.

Livros

A. Roy, Artist's Pigments: A Handbook of Their History and Characteristics, Oxford University Press, 1994.

Alec Williams, Paint and Varnish Removers, Noyes Data Corporation, 1972.

American Society for Testing and Materials, Paint, Varnish, Lacquer and Related Products, 1970.

Annie Sloan, Kate Gwynn, Classic Paints & Faux Finishes, Reader's Digest Association, outubro de 1996.

Arie Wallert, Erma Hermens, Marja Peek, Historical Painting Techniques, Materials, and Studio Practice, Getty Conservation Institute, 1995.

Arthur Sturn, Watson-Guptill, How to See Color and Paint It, 1988.

C. Verne, Bidlack, Edgar W. Fasig(Eds.), Paint and Varnish Production Manual, Wiley, 1951.

Charles R. Martens, Emulsion and Water-Soluble Paints and Coatings, Reinhold Publishing Company, 1964.

Edward Malin, Northwest Coast Indian Painting; House Fronts and Interior Screens, Timber Press, Portland, 1999.

Elias Singer, Fundamentals of Paint, Varnish, and Lacquer Technology, American Paint Journal Company, 1957.

Ernest T. Trigg, The Paint, Varnish and Lacquer Industry, Bellman Pub. Company, 1950.

Ernest W. Flick, Handbook of Paint Raw Materials, 2nd Edition, Noyes Data Corporation, 1989.

Agência Europeia de Produtividade, Sabão, Detergentes, Tintas, Vernizes: Marketing Techniques in the United States, Projeto, Número 299, 1957.

G. P. A. Turner, Introduction to Paint Chemistry and Principles of Paint Technology, 3rd Edition, Chapman & Hall, 1988.

George H. Hurst, Painters' Colours, Oils, and Varnishes: A Practical Manual, Charles Griffin & Company, Londres, 1892.

Guy E. Weismantel, Paint Handbook, McGraw-Hill, 1981.

H. Peter, Spectre, Painting and Varnishing, Wooden Boat Books, 1995.

Henry Alfred Gardner, Physical and Chemical Examination of Paints, Varnishes, Lacquers and Colors, Institute of Paint and Varnish Research, 1939.

J. Bentley, Introduction to Paint Chemistry and Principles of Paint Technology, Springer, janeiro de 1998.

Jasson Ferrison, Acrylic Painting: O guia definitivo para dominar a pintura acrílica para iniciantes em 30 minutos ou menos! (Pintura Acrílica - Pintura - Como Pintar - Pintura Acrílica para Iniciantes - Tinta Acrílica), Create Space Independent Publishing Platform, 2015.

Joseph B. Lambert, Traces of the Past: Unraveling the Secrets of Archaeology through Chemistry, Perseus Publishing, Cambridge, 1997.

Joseph J. Mattiello, Protective and Decorative Coatings: Paints, Varnishes, Lacquers, and Inks, Volume 3, J. Wiley & Sons, 1944.

Kevin McCloud, Michael Crockett, Kevin McCloud's Complete Book of Paint and Decorative Techniques, Simon and Schuster, 1997.

Kiran V. Mehta, Paints, Lambert Academic Publishing, Alemanha, 1ª edição, maio de 2016.

Lonore Kent, Paint Power: and How to Sell It, National Paint, Varnish & Lacquer Assn. em cooperação com o Business Education Service, Vocational Division, U. S. Office of Education, 1947.

M. Doerner, The Materials of The Artist and Their Use in Painting, Harcourt Brace, 1921.

M.D. Gottsegen, A Manual of Painting Materials and Techniques, Harper and Raw, 1987.

Nihon Kikaku Kyokai, Manual JIS: Tintas e Vernizes, Associação Japonesa de Normalização, julho de 2000.

Niir Board, Manufacture of Paint, Varnish and Allied Products, Laurier Books, Limited, janeiro, 2000.

Noël Heaton, Volatile Solvents and Thinners: Used in the Paint & Varnish Industries, E. Benn Limited, 1925.

NPCS Board of Consultants and Engineers, The Complete Book on Resins (Alkyd, Amino, Phenolic, Polyurethane Epoxy, Silicone, Acrylic), Paints, Varnishes, Pigments & Additives (Surface Coating Products with Formulae), Asia Pacific Business Press Inc., fevereiro de 2010.

Philip A. Schweitzer P.E., Paint and Coatings: Applications and Corrosion Resistance (Corrosion Technology), CRC Press, setembro de 2005.

Philip Ball, Bright Earth: Art and the Invention of Color, The University of Chicago Press, Chicago, 2001.

Robert Massey, Formulas for Painters, Watson-Guptill Publications, 1967.

Rodger Talbert, Paint Technology Handbook CRC Press, setembro de 2007.

Sir C. L. Eastlake, Materials for a History of Oil Painting, Dover, 1847.

T.C. Patton, Pigment Handbook, Wiley, 1973.

Victor Schweizer, The Distillation of Resins, Resinate Lakes and Pigments, Carbon Pigments and Pigments for Typewriting Machines, Manifolders, etc., A Description of Resinates, Resin-Varnishes, Resin-Pigments, Ulan Press, 2012.

W. M. Morgans, Outlines of Paint Technology, 3rd Edition, John Wiley & Sons, 1990.

Estes livros são valiosos tesouros de conhecimento sobre tintas.

Trabalho de investigação

Francisco L.F. Silva et al. estudaram e relataram um novo procedimento de digestão húmida de tintas para a determinação de alguns metais e metalóides em tintas através de espetrometria de emissão ótica com plasma indutivamente acoplado (ICP OES)[1].

A durabilidade da tinta, afetada pelas caraterísticas coloidais da tinta líquida, foi estudada por A.C. Elm[2]. As tintas anti-incrustantes auto-polimento foram analisadas através da utilização de modelação matemática e de experiências rotativas por Soren Kiil et al.[3].

Jeffrey R. Ferguson publicou um trabalho de investigação que clarifica o procedimento para a análise qualitativa por XRF e comunicou os resultados da análise de todo o recipiente e outras aplicações para a análise qualitativa de tintas cerâmicas utilizando a fluorescência de raios X portátil (PXRF)[4]. A melhoria da atividade fotocatalítica das tintas de silicato através da remoção de K2SO4 foi estudada por B. Tryba et al. Estudaram algumas tintas fotocatalíticas orgânicas e minerais[5]. Mónica Moreno et al. estudaram tintas ecológicas a partir de látexes derivados de ácidos gordos de base biológica, tendo sido relatadas as propriedades de brilho, dureza e comportamento reológico[6].

O trabalho de investigação de Laura Fuster-Lopez, et al. é um estudo sobre as tintas a óleo de artistas manufacturadas no século XX que contêm pigmentos de umber cru e queimado. Avaliam a composição química e o comportamento mecânico destas tintas[7]. Noha Elhalawany et al.[8] apresentam tintas anticorrosivas do tipo emulsão preparadas com partículas nanohíbridas (nHPs) orgânicas/inorgânicas à base de polianilina (PANI) e nanosílica. As estruturas de aço pintadas expostas à radiação solar foram estudadas por Hongbo Liu et al.[9].

Os compostos orgânicos voláteis são utilizados em tintas e são considerados indesejáveis devido a problemas relacionados com a poluição. A caraterização das emissões de COV das tintas é relatada por Jianyin Xionget al.[10]. Shi-Nian Uanga et al. apresentaram um estudo sobre a avaliação da exposição a solventes orgânicos de trabalhadores de decapagem e pulverização de tintas para aeronaves[11]. C. Deya, et al. relataram a utilização de microesferas cerâmicas para melhorar o desempenho anticorrosivo de tintas fosfatadas[12]. A utilização da microscopia ótica para a análise forense automática de tintas para automóveis é referida por Guy Thoonen et al.[13].

As tintas contêm pigmentos. Estes podem ser libertados para o ambiente através da meteorização. Este tipo de estudo sobre tintas que contêm TiO2 foi efectuado por Ahmed Al-Kattan et al.[14].

Referências

Diego Meseguer Yebra, Soren Kiil, Kim Dam-Johansen, Antifouling Technology-Past, Present and Future Steps Towards Efficient and Environmentally Friendly Antifouling Coatings, Progress in Organic Coatings, julho de 2004, 50(2), 75-104.

Literatura e investigação sobre tintas

As tintas eram utilizadas em tempos antigos e, de dia para dia, as suas aplicações em diferentes domínios aumentam. Numerosos autores e investigadores contribuíram para o domínio das tintas.

Os autores escreveram uma variedade de livros sobre tintas. Também escreveram sobre princípios básicos, matérias-primas, procedimentos de pintura, tecnologia, processos de fabrico e métodos de comercialização de tintas. Os livros que revelam estes aspectos são os seguintes

Francisco L.F. Silva, Thalita A.O. Duarte, Luciana S. Melo, Livia P.D. Ribeiro, Sandro T. Gouveia, Gisele S. Lopes, Wladiana O. Matos, Desenvolvimento de um Método de Digestão Úmida de Tintas para a Determinação de Metais e Metalóides Utilizando Espectrometria de Emissão Ótica com Plasma Indutivamente Acoplado, Talanta, janeiro 2016, **146,** 188-194.

A. C. Elm, Fundamental Studies of Paints, Paint Durability as Affected by the Colloidal Properties of the Liquid Paint Industrial and Engineering Chemistry, 1934, 26(12), 1245-1250.

Soren Kiil, Claus E. Weinell, Michael Stanley Pedersen, Kim Dam-Johansen, Analysis of SelfPolishing Antifouling Paints Using Rotary Experiments and Mathematical Modeling, Industrial & Engineering Chemistry Research, 2001, 40(18), 3906-3920.

Jeffrey R. Ferguson, Scott Van Keuren, Shilo Bender, Análise composicional qualitativa rápida de tintas cerâmicas, Journal of Archaeological Science: Reports, setembro de 2015, **3,** 321-327.

B. Tryba, R.J. Wrobel, P. Homa, A.W. Morawski, Melhoria da atividade fotocatalítica das tintas de silicato através da remoção de K2SO4, Atmospheric

Ambiente, agosto de 2015, **115,** 47-52

Mónica Moreno, Christopher Lampard, Neal Williams, Elsa Lago, Simon Emmett, Monika Goikoetxea, María J. Barandiaran, Eco-paints from Bio-based Fatty Acid Derivative Latexes, Progress in Organic Coatings, abril de 2015, **81,** 101-106.

Laura Fuster-López, Francesca Caterina Izzo, Marco Piovesan, Dolores J. Yusá-Marco, Laura Sperni, Elisabetta Zendri, Estudo da composição química e do comportamento mecânico do óleo de artistas comerciais do século XX contendo pigmentos à base de manganês, Microchemical Journal, janeiro de 2016, **124,** 962-973.

Noha Elhalawany, Maher M. Saleeb, Magdy K. Zahran, Novas tintas anticorrosivas do tipo emulsão que contêm

Organic/Inorganic Nanohybrid Particles, Progress in Organic Coatings, fevereiro de 2014, 77(2), 548-556.

Hongbo Liu, Zhihua Chen, Binbin Chen, Xiao Xiao, Xiaodun Wang, Estudos sobre a distribuição da temperatura de placas de aço com diferentes tintas sob radiação solar, Applied Thermal Engineering, outubro de 2014, 71(1), 342-354.

Jianyin Xiong, Lixin Wang, Yuhua Bai, Yinping Zhang, Medição dos parâmetros caraterísticos da emissão de COV das tintas, Construção e Ambiente, agosto de 2013, **66,** 65-71.

Shi-Nian Uanga, Tung-Sheng Shiha, Chun-Huei Changb, Szu-Min Changc , Chuen-Jinn Tsaic, T, C.G. Deshpande, Exposure Assessment of Organic Solvents for Aircraft Paint Stripping and Spraying Workers, Science of the Total Environment, 2006, **356,** 38 - 44.

C. Deya, B. del Amo, R. Romagnoli, Ceramic Microspheres to Improve Anticorrosive Performance of Phosphate Paints, Ceramics International, maio de 2012, 38(4), 2637-2646.

Guy Thoonen, Bart Nys, Yves Vander Haeghen, Gilbert De Roy, Paul Scheunders, Automatic Forensic Analysis of Automotive Paints Using Optical Microscopy, Forensic Science International, fevereiro de 2016, **259,** 210-220.

Ahmed Al-Kattan, Adrian Wichser, Roger Vonbank, Samuel Brunner, Andrea Ulrich, Stefano Zuin, Bernd Nowack, Libertação de TiO_2 de tintas que contêm pigmento-Tio_2 ou Nano-Tio_2 por intemperismo, Environmental Science: Processes & Impacts, 2013, **15**, 2186-2193.

Christopher M. White, Richard Banks, Ian Hamerton, John F. Watts, Characterisation of Commercially CVD Grown Multi-Walled Carbon Nanotubes for Paint Applications, Progress in Organic Coatings, janeiro de 2016, **90,** 44-53.

Saeil Jeon, Stacey Spencer, Paul Joiner, Material prático de polímero leve para aplicação em camiões pesados com tratamento de superfície rentável para desempenho de aderência de tinta - um estudo de caso, Documento técnico SAE 2015-01-2866, 2015, doi:10.4271/2015- 01-2866.

David G. Curry , Ryan Reinke, Andy Shah, John Kidd, The Effect of Marking Paint on Walking Surface Slip Resistance, Actas da Conferência Internacional sobre Deslizamentos, Tropeções e Quedas 2007 - Da Investigação à Prática, Hopkinton, MA, IEA Press, 2007, 23-24 de agosto, 158-162.

L. Smith, G. Tinklenberg, J. Peart, Journal of Protective Coatings & Linings, 1996, 13(1), 56-65.

Abdou Abdel-Samad, Yaser Soud, M. Zaki, Influência da tinta na corrosão do aço para aplicações marítimas, Journal of Surface Engineered Materials and Advanced Technology, 2014, **4,** 189-195.

Aplicações de tintas

Métodos de aplicação de tintas

As tintas podem ser aplicadas nas seguintes formas:

(1) uma forma sólida

(2) uma forma líquida

(3) uma forma de suspensão gasosa (aerossol).

No revestimento em pó, a tinta sólida é aplicada como um pó fino que é cozido a uma temperatura elevada. Assim, o pó derrete e adere à superfície.

As tintas líquidas podem ser aplicadas diretamente utilizando os seguintes meios:

- Polegares e dedos
- Pincéis de pintura
- Rolos de pintura
- Lâminas de pintura.

Como uma suspensão gasosa, a tinta é suspensa na forma sólida ou líquida num gás e depois é diretamente pulverizada. Desta forma, a tinta adere à superfície. Este método de pintura é conhecido como pintura por pulverização. Neste método, a distribuição da tinta é uniforme. Este método é muito popular. Os métodos seguintes também são utilizados para aplicações de tinta:

- Pulverização eletrostática
- Pulverização a quente
- Pulverização sem ar

- Pulverização a quente sem ar
- Pulverização eletrostática atomizada a ar
- Pulverização eletrostática sem ar
- Revestimento centrífugo
- Revestimento por auto-deposição.

Revestimento por imersão

Consiste na imersão dos produtos a pintar num tanque de tinta. É um método rápido. Dá cobertura em áreas profundas. Para o revestimento por imersão, os tanques utilizados são designados por tanques de imersão. Estes tanques estão disponíveis em todas as formas. Neste tipo de revestimento, podem desenvolver-se arestas gordurosas no produto.

Revestimento de fluxo

Neste método, a tinta é bombeada de um tanque através de mangueiras e bicos para as superfícies superiores do material a pintar. A tinta flui sobre e para baixo dos lados do material. O excesso de tinta é drenado para um tanque. O controlo da evaporação para obter um revestimento uniforme é essencial neste método de revestimento. O controlo da formação de bolhas e de espuma é necessário quando se utilizam tintas de base aquosa no revestimento em fluxo.

Utilização de tintas

Existem inúmeras variedades de tintas disponíveis no mercado atual. As tintas são utilizadas na vida quotidiana para satisfazer a estética e proteger as superfícies. As várias utilizações das tintas são as seguintes

- As tintas são utilizadas em obras de arte. Algumas obras-primas da pintura apresentam uma excelente utilização das tintas.
- Elas mudam as cores dos objectos. Assim, quando alguém quer variar a cor de um determinado objeto, as tintas são bastante úteis.
- As tintas à base de água são preferidas para pintar paredes porque secam rapidamente e são fáceis de aplicar em grandes superfícies.
- As tintas ajudam a defender o metal da corrosão.
- São utilizados para dar um bom aspeto aos edifícios, tanto no interior como no exterior.
- As tintas texturadas são tintas à base de água com um acabamento mate espesso. Podem ser simples ou ter um desenho. Funciona bem para esconder superfícies pobres e fissuras.
- Algumas tintas podem ser utilizadas como revestimentos resistentes ao fogo.
- Algumas tintas dão um revestimento refletor que é útil para o sistema de tráfego.
- As tintas podem ser utilizadas como isolantes térmicos que são úteis para diminuir o consumo de energia para arrefecimento máquinas.
- As tintas dão um bom aspeto a veículos como o carro, a bicicleta, etc.
- O látex plano dá um acabamento mate mate e tem um cheiro fraco. É útil para paredes e tectos.

- O látex vinílico brilhante apresenta um brilho elevado e é uma tinta lavável. É útil para cozinhas e casas de banho.

Christopher M. White et al. estudaram a caraterização de nanotubos de carbono de paredes múltiplas (MWNTs) cultivados por deposição química de vapor (CVD) para aplicações em tintas[1].

Saeil Jeon et al. estudaram polímeros leves para aplicação em camiões pesados com tratamento de superfície rentável para o desempenho da aderência da tinta[2].

David G. Curry relatou o efeito da tinta de marcação na resistência ao deslizamento da superfície de passeio[3].

O custo da remoção de tinta com chumbo: um estudo de uma autoestrada federal é relatado por L. Smith et al.[4].

Abdou Abdel-Samad et al. estudaram a influência da tinta na corrosão do aço para aplicações marítimas[5].

Falha de tintas

Em alguns casos de pintura também se verificam falhas na pintura. A superfície sobre a qual a tinta vai ser aplicada deve estar limpa e isenta de sujidade. Durante a pintura, a sujidade, o pó e a humidade não devem ficar retidos na camada de tinta. Por vezes, a humidade e as temperaturas muito altas e muito baixas da atmosfera podem provocar falhas na pintura. A poeira prejudica o brilho das tintas e cria uma superfície irregular. Existem ainda outros factores que são responsáveis pelo fracasso das tintas.

As falhas das tintas são as seguintes

Gelificação

As alterações químicas numa tinta reduzem-na a um material gelatinoso. Pode dever-se à utilização incorrecta de diluente ou ao armazenamento prolongado das tintas.

Descascamento

Pode ocorrer descamação ou formação de bolhas após a aplicação das tintas. O empolamento da tinta ocorre devido à humidade retida que força a película de tinta a formar bolhas (bolhas). Para evitar este tipo de falha, a superfície deve estar livre de humidade.

Diluição

As tintas devem ser diluídas antes da sua utilização de acordo com as instruções dadas pelo fabricante de tintas . Uma diluição insuficiente torna as tintas espessas e uma diluição excessiva torna-as finas. Por conseguinte, é necessária uma diluição correta.

Florescendo

A floração é o desenvolvimento de uma névoa ou de uma leitosidade resultante da humidade ou do arrefecimento de uma tinta brilhante. Elimina o brilho da superfície pintada.

Rachaduras

A fissuração da película de tinta é o resultado da expansão ou contração desigual dos revestimentos de tinta. Se o revestimento da tinta não secar completamente antes da aplicação da camada seguinte, pode criar fissuras posteriormente.

Giz

O giz indica a pulverização da película de tinta. Pode ocorrer devido à falta de aglutinante da tinta. O grau de calcinação pode ser avaliado através da utilização de um sistema internacional

Norma (ISO 4628) ou procedimentos ASTM (American Society of Testing and Materials). A condensação do orvalho e as radiações UV (ultravioleta) são as principais razões para a formação de giz nas tintas. Na calcinação, ocorre a degradação do polímero de uma matriz de tinta. Antes de aplicar uma nova tinta, o substrato gessado deve ser lavado e esfregado corretamente. Assim, uma nova tinta pode ser aplicada eficazmente na mesma superfície.

Crazing

Trata-se de uma fissuração irregular da tinta de superfície. Quando se utiliza tinta de secagem dura sobre uma camada inferior macia, pode ocorrer fissuração.

Erosão

A erosão é um processo muito rápido de descamação. O ar e a água podem criar erosão das camadas de tinta.

Flacidez

Se a tinta escorrer em gotas sobre a superfície, provoca a sua flacidez. A aplicação não uniforme da tinta pode criar este tipo de falha nas tintas.

Efeitos ambientais das tintas

Compostos orgânicos voláteis

Os solventes presentes nas tintas podem conter Compostos Orgânicos

Voláteis (COV). Os COV são gases gerados pelos líquidos ou gases das tintas. Um elevado teor de COV nas tintas pode poluir o ar e ter um odor forte. Por conseguinte, são preferíveis tintas com baixo teor de COV. Estas tintas incluem

- Tintas acrílicas
- Tintas de leite
- Látex à base de água
- Látex reciclado à base de água.

Metais presentes nas tintas

Alguns metais pesados são utilizados nas tintas. O elevado teor destes metais é considerado tóxico e poluente.

O chumbo é adicionado às tintas para uma secagem rápida, aumentando a durabilidade e opondo-se à humidade que cria corrosão. As tintas com chumbo também contêm chumbo como um dos componentes. O chumbo pode ter um efeito de envenenamento por chumbo nos seres humanos.

Em algumas tintas são adicionados cromato de zinco e compostos hexavalentes de crómio, que podem criar problemas de saúde.

MIX
Papier aus verantwortungsvollen Quellen
Paper from responsible sources
FSC® C105338

Printed by Books on Demand GmbH, Norderstedt / Germany